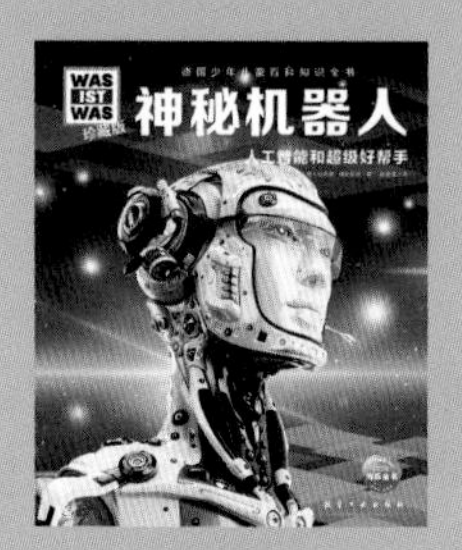

第一辑·全10册

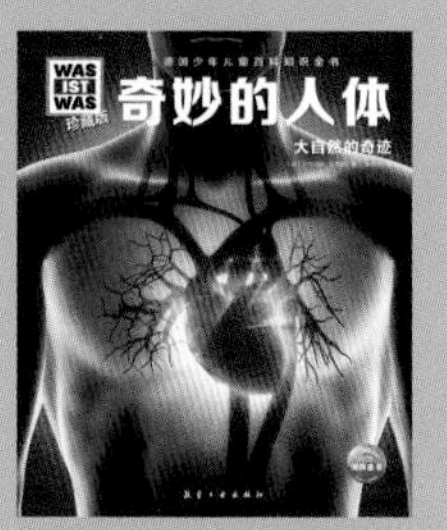

第二辑·全10册

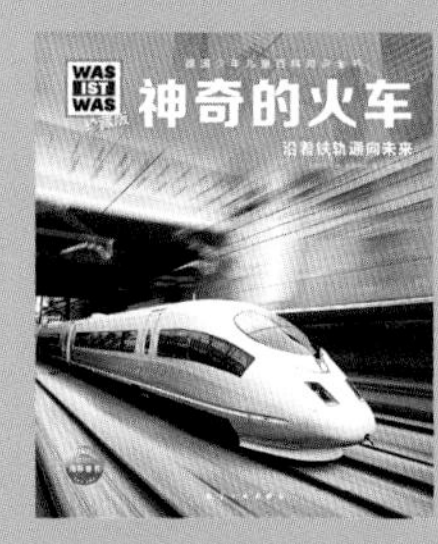

第三辑·全10册

第四辑·全10册

第五辑·全10册

第六辑·全10册

第七辑·全8册

WAS IST WAS

学

好奇

科学改变未来

猫的家族

拥有柔软脚爪的敏捷猎手

[德] 尤塔·奥华斯／著　张依妮／译

方便区分出不同的主题！

真相大搜查

6 从野猫到家猫——完全出于自愿

4 一段独特的历史

10 长期以来，猫给水手们提供了很大的帮助，它们保护船上储备的食物不被老鼠啃食。

14 大自然的杰作

符号箭头 ▶ 代表内容特别有趣！

20 从幼猫到成年猫——陪伴可爱的猫宝宝成长

16 我们梦想着能拥有像猫一样敏锐的感官。你可以把你的耳朵转向两个不同的方向吗？

猫是一位陪伴在你身边的好奇朋友。

24

了解我们的家猫与它的野生亲戚还有多少共同点!

36

家里的游戏场：
制作一块属于你家猫的活动板!

33

44

还能再奇怪一点吗?
发现最可笑与最滑稽的猫品种。

英国短毛猫

类型	全能选手
强项	适应力超强
毛长	短毛
饲养	需要许多关注，或其他猫的陪伴

46

无论是喜欢被搂抱的英国短毛猫还是精力充沛的家猫——每个人都能找到适合自己的猫!

女神的圣兽

你想出名并且成为明星吗？在很久以前，我曾经是一位真正的超级明星，按照你们的历法，是在大约 3500 年之前。请允许我介绍一下自己！

我是怎样被发现的

我曾经在北非以捕捉老鼠为生，大约在地图上现在埃及所在的地方。当时埃及是一个崇拜许多神明的国家，其中女神巴斯特是太阳神拉的女儿，她是音乐与爱情之神，并且是房屋的保护神。

圣猫的铜像佩戴金耳环与鼻环作为装饰。

你知道吗？

埃及猫是世界上最古老的猫品种。它的皮毛不是深色的虎纹，而是排成一条条的斑点。在法老王的时代，它就在埃及被饲养，并且一直保持着这样的外观。

它回顾着一段漫长的历史：这只猫与几千年前猫神巴斯特的猫长得一模一样。

她的圣兽原先是狮子，直到祭司们发现我与母狮长得很像，并且我远没有狮子那样危险，还喜欢被人抚摸，所以他们宣布我也是巴斯特的圣兽。

被崇拜与被宠爱

从此，所有崇拜巴斯特的人们都想要在他们的家里养一只像我一样的猫。我可以在家里的任何一个枕头上睡觉，还可以随时享用满满一碗美味的食物。没人会驱赶我或者用石头扔我，伤害甚至杀死我的人会被处以死刑。

在古埃及，如果有一只猫死去，它会像人一样被埋葬：它的全身会被涂满香脂，随后被包在裹尸布里，被埋葬在自己的墓地里。全家人都会剃掉眉毛，表达对爱猫死亡的悲痛。

从圣兽到家猫

虽然我不愿意承认，但是很遗憾的是，作为圣兽的生活很快就结束了：在布巴斯提斯——女神巴斯特的圣城，祭司们把猫作为祭物来饲养。来到神庙的信徒们可以购买一只猫，并且把它制成木乃伊，献给女神。通过人类饲养，猫的外观有了改变：我们的皮毛失去了原先沙漠般的保护色，我们的体型也变得更苗条。大约在两千年前，我惬意的日子结束了。人们不再敬拜巴斯特，她被人遗忘了，而我也成为了一只普通的家猫。

这幅画展示了巴斯特女神庙内的一幅场景：一具猫木乃伊被放在祭坛上，郑重地献给女神。

在这幅古埃及的画上，一只猫坐在君王的宝座下面，它是在向世人宣告："巴斯特女神喜欢我！"

在人们生活的地方，也有许多老鼠。所以对于野猫来说，村庄成为了一个很好的狩猎场，在那里它们总是能填饱肚子。

它来自非洲

如果非洲野猫在草原上生活，它的皮毛就像沙子一样偏红。如果它生活在河谷里，它的皮毛就会偏灰。

生活在欧洲森林里罕见的野猫长得非常像带有条纹的家猫，两者常常令人分不清区别。但是外表是会骗人的，欧洲野猫是一种非常容易受惊的捕食者，它无法被驯养，我们带有条纹的家猫并不来源于它。但是两者是亲戚，它们都有一位共同的祖先，这位祖先的名字叫作假猫，它生活在 1000 万到 1500 万年前。某些从假猫演变而来的物种早已经灭绝——例如刃齿虎。现在世界上仍然存在的所有猫科动物——从狮子到最小的野猫，都是从假猫演变而来的。但是在什么时候，这野猫中的一员成为了家猫呢?

不可思议！

作为沙漠里的动物，猫可以比人类多耐受10℃的高温。

新月沃土

绿色的部分表示几千年前就有农民生活的地区。我们的家猫源自那里。

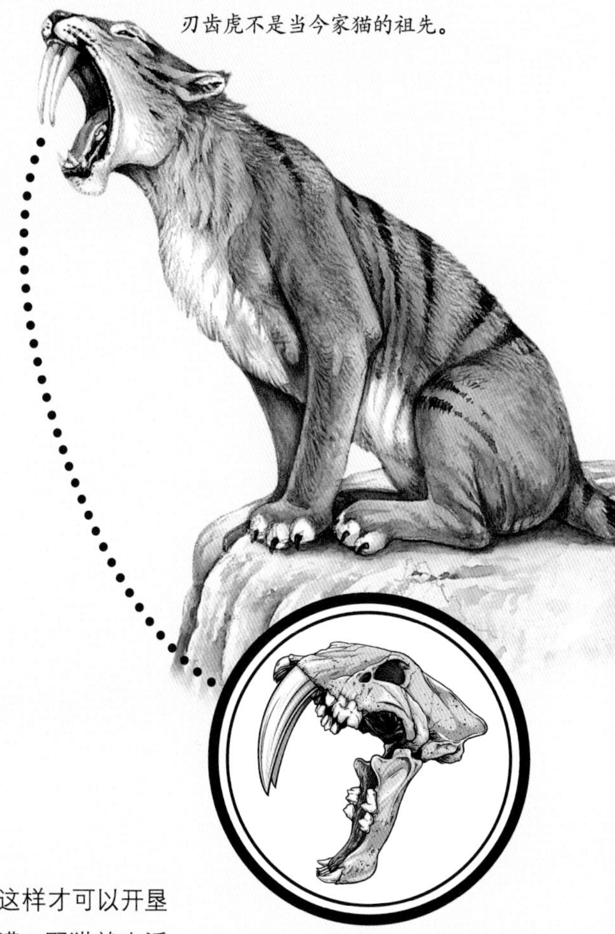

刃齿虎不是当今家猫的祖先。

墙壁上与坟墓里的遗痕

埃及帝王陵墓的墙壁上画有被驯养的猫，这些壁画已经有几千年的历史了，所以人们怀疑埃及当地的野猫，即非洲野猫，是所有家猫的祖先。但是或许家猫的祖先也可能是这个地区的其他野猫品种，如亚洲野猫。直到几年前，英国牛津大学的研究人员才终于解答了这个疑问：他们收集了地球上各大洲 1000 只家猫的基因样本，并且把它们与野猫五个亚种的 DNA 相比对，结果很明显：世界上的所有家猫都源自非洲野猫！

除此以外，研究人员还发现一点：不仅只有一种野猫被驯化了，至少有五种野猫在不同的地点被驯化。这五种野猫都生活在同一片地区，从今天的埃及，经黎巴嫩与叙利亚，到伊拉克等地区，人们称这片地区为新月沃土。

野猫为何会被人类吸引?

村庄位于有水源的地方，这样才可以开垦农田。村庄之外是草原或者沙漠，野猫就生活在那里。农田由于过于干燥，所以在某些年里总是收成微薄。为了防止饥荒，几乎每个村庄都有一个粮仓。这些粮仓储存了大量的粮食，于是吸引来了老鼠。老鼠总是偷吃储备的食物，因此成为人类持续不断的威胁。当第一批野猫紧随着它们的猎物来到村庄周围并开始捕捉老鼠的时候，它们受到了人类的热烈欢迎！

猫出于自愿留下来了

据推测，大约七千年前已经有半驯化的野猫在村庄里生活。很明显，猫觉得与人类共同生活很实用也很方便，所以决定留下来。这使猫成为了唯一自我驯化的家畜——它完全出于自愿放弃了野外自由的生活，逐渐进化为家里的宠物。

创造纪录

20 厘米

刃齿虎巨大的犬齿从嘴里长出来，长达 20 厘米。这种猫科动物曾经在猛犸象的时代生活，现在已经灭绝。刃齿虎只是家猫的远亲，并不是它们的祖先。

一个充满野性的家族

猫科动物几乎生活在我们地球的所有大洲上，除了少数地方，如北极、南极等。以前人们把猫科动物分为三大亚科：豹亚科、猫亚科与猎豹亚科。如今人们通过基因研究，更多地了解到猫科动物的发展历史与血缘关系。虽然人们仍然使用豹亚科、猫亚科等名称，但是已经把家猫的野生亲戚分为至少 37 个种类。

相似却不相同

所有的猫科动物都属于食肉动物，即使它们的体型大小不一，但却拥有类似的身体结构。例如，非洲南部的黑足猫，从鼻尖到臀部的长度不超过 30 厘米，它是最小的猫科动物。老虎的身体可以长达两米，是最大的猫科动物。

最喜欢独处

野生猫科动物并不是群居动物，每只猫科动物都待在自己的狩猎场内。老虎在自己狩猎场里的活动范围可达到 100 平方千米。猫科动物只有在交配期才允许访客到来，幼崽由母亲独自抚养长大。只有狮子生活在群体里，并且分工明确：雄狮主要负责捍卫狮群，雌狮与雄狮一起去狩猎。与几乎所有的猫科动物一样，它们静悄悄地接近猎物，然后突然发起攻击。

老　虎

如同所有的猫科动物一样，老虎完美地适应了它的栖息地：在高高的草丛中，它几乎无法被人看见——对它的猎物来说也同样如此。

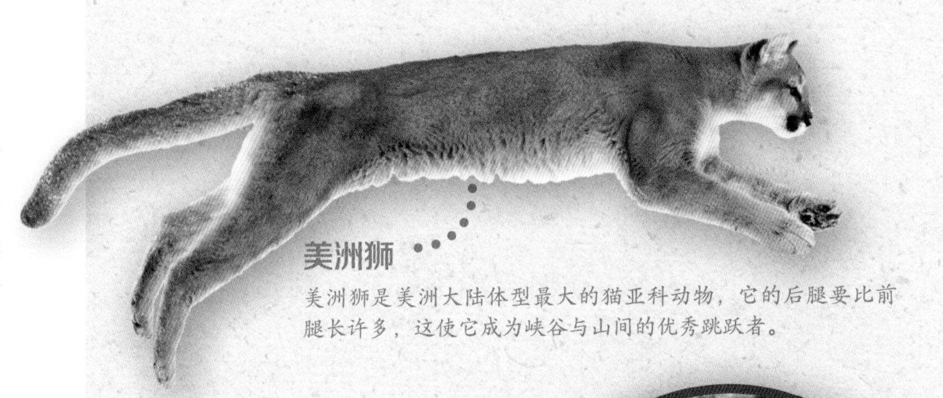

美洲狮

美洲狮是美洲大陆体型最大的猫亚科动物，它的后腿要比前腿长许多，这使它成为峡谷与山间的优秀跳跃者。

美洲豹

美洲豹是世界第三大野生猫科动物，拥有最强有力的牙齿，它只在中美以及南美地区生活。

渔　猫

所有的猫科动物都会游泳，但是只有南亚的渔猫最喜欢生活在水边，捕捉鱼类、螃蟹或蛙类。有些渔猫的脚趾间甚至还有蹼！

猞猁

猞猁是欧洲最大的野生猫科动物，拥有宽大的爪子，被厚实的兽毛所包裹，脚趾间也是如此。这使它的脚爪在冬天成为“雪靴”，在积雪很深的时候也可以抓捕兔子。

怎样识别欧洲野猫？

欧洲野猫的体型与家猫差不多，但是看起来更强壮。

它是一种非常容易受惊的森林动物，不允许人类靠近，因此，人们只能在远处观看它的身影。但是它很容易被分辨出来，因为它的尾巴与家猫很不一样：欧洲野猫的尾巴长有浓密的毛发，并且带有一圈一圈深色的斑纹，它的尾尖则是黑色的。

知识加油站

- 黑豹是花豹的一种。不同于其他花豹的是，它全身都是黑色的，没有金黄色带深色斑点的皮毛。在特定光线下，仍然可以看见它隐藏的斑纹。请注意，黑色的美洲豹也被称为黑豹。
- 花豹脸上的斑纹是独一无二的，就跟人类的指纹一样。

花豹

许多猫科动物都会隐藏或者掩埋它们无法一次吃完的猎物，但是花豹却会花费很大力气把体型很大的猎物拖到树上，这样可以避免食物被不善于爬树的掠食者们夺走。花豹身上的斑点也使它可以很好地隐藏在树叶中而不被发现。

➡创造纪录

每小时 110 千米

猎豹是陆地上奔跑速度最快的动物，它的奔跑速度可以达到 110 千米 / 时，但是它只能将该速度维持约 600 米。

猎豹

在猫科动物中，猎豹的狩猎方式很特别：它的体型纤细轻盈，是唯一全速紧跟猎物奔跑的猫科动物，也是唯一无法收起爪子的野生猫科动物。

几个世纪以来，英国海军的船舰上都载有猫，直到1975年才摒弃这个习俗。

木制的船只上装载着为了长期航行而储备的食物，在船上还没有猫之前，这里曾经是小鼠与大鼠四处横行的天堂。

每一艘船上都有猫

当猫还是埃及圣兽的时候，它们是不允许被带出国旅行的。如果有谁把它们带出国，将会面临死刑的制裁。虽然如此，依然还是有猫被商船或骆驼商队偷运出境，并且以高价卖出。

罗马的奢侈品

第一批猫途经希腊来到罗马。它们极为稀有，因而成为了富人与权贵们的奢侈品，人们借此显示自己的财富与地位。越来越多的父母给自己的孩子取一些例如“菲里库拉”（拉丁语：“小猫”）的名字。一段时间后，罗马人发现他们美丽的“奢侈品”是最杰出的捕鼠者，猫抓老鼠的能力比罗马人之前所使用的蛇与鼬要强许多。

迪肯勋章

公猫西蒙曾经是军舰上的一只猫。这艘船因受炮击无法行驶。虽然伤病在身，但西蒙还是在船上英勇抵挡了老鼠的入侵，并且使船员们免于被饿死。因此，它被授予专门颁发给动物的最高荣誉勋章。

迪肯勋章是专门颁发给动物的最高荣誉勋章。

在中国，很长一段时期内，猫都是一种珍贵的动物，只有很富有的人家才买得起。现在猫在中国很常见。

猫作为礼物

当猫抓老鼠的事情传播开来，所有人都想要一只猫。罗马军团的士兵把猫带到日耳曼尼亚、英国以及现在的法国。据说维京人会行驶船只从波罗的海穿越黑海，他们回航的时候特别喜欢带红猫回去。第一批猫作为送给帝王的礼物到达波斯、印度与中国，最后到了日本。

猫拯救面包与书

从欧洲到中国，几乎家家都有老鼠。它们啃咬并且毁坏一切牙齿可以够到的东西，如食品、布料、文件等。在亚洲，它们是养蚕人的噩梦。小鼠与大鼠四处横行，传播危险的疾病。于是，猫成为了人类对抗老鼠的必要助手。直到今天，许多商店、火车站、邮局、图书馆以及学校都拥有自己的“捕鼠官”，用以防治害兽。

从得力的捕鼠者到受尊敬的宠物，猫可以直接从盘子里舔舔食物，并且坐在高处，留下狗在一旁嫉妒地看着它。

知识加油站

- “你要买一只猫”这句话在水手之间意味着要确保安全。
- “永不沉没的山姆”是一只公猫的绰号，据说它三次乘坐的船都沉没了。之后它被要求待在陆地上，不准随船出航。

海上的必需品

自从第一批猫被商船偷运出埃及之后，水手们成为了它们最好的朋友。每一艘大型船只上都有老鼠藏匿其中，它们威胁到船只的安全与船员的健康，并且经常毁坏货物。难怪大约1000 年前，人们就颁布过相关的航海法，要求船长出海必须带猫上船。如果没有猫护航，货物在到达目的地时被咬坏，保险公司将概不负责赔偿损失。当然，每一位探险家或学者在长期航海的时候都有猫陪同——连克里斯托弗·哥伦布也有猫的陪伴。许多国家的军舰上也有猫。另外它们还是船员们喜爱抚摸的宠物，并且被视为吉祥物。

集装箱取代猫

直到钢制船只出现，并且在 1956 年发明集装箱之后，这个情况才有所改变。集装箱不会受到老鼠的侵扰，因此船上的猫变得多余。但是直到今日，在河里的许多小船，以及各种大大小小的帆船上，都有猫一起航行，前往世界各地。

阿布拉卡达布拉——黑猫的咒语

超级访问

我们利用这个古老的咒语唤来了一只黑猫，它曾让欧洲人的祖先十分惧怕，让它来接受我们的采访吧。我们将勇敢无畏地提出问题，期待这只黑猫能够诚实地回答——完全没有弄虚作假的魔法。

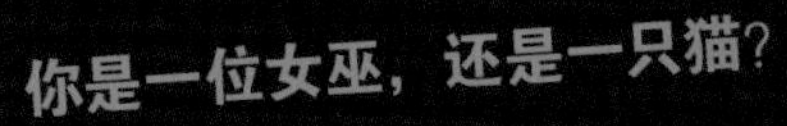

你是一位女巫，还是一只猫？

我是一只很平常的黑猫。

我既不能施巫术，也不会魔法。

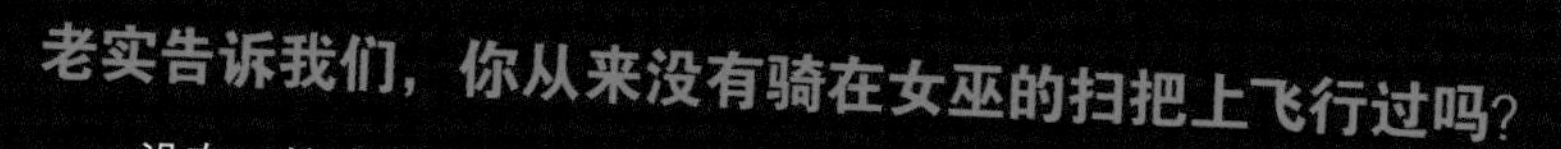

老实告诉我们，你从来没有骑在女巫的扫把上飞行过吗？

没有，从来没有，这对我来说太晃了，而且其实也从来没有真正的女巫。人们只不过相信了那些胡说八道的话。

为什么以前的人们那么害怕你？

在夜晚，如果有光线照到我的眼睛里，我的眼睛就会发光。很酷吧？但是人们觉得这挺吓人……另外，黑色据说是魔鬼的颜色，所以人们就害怕我是魔鬼的化身。

就这么简单？

嗯，不完全是。中世纪的人们非常迷信。如果有什么东西坏了，他们就认为这是某种邪恶的魔法，也就是巫术所导致的。这么说来，我最近遇到了很奇怪的事情！我从某人身边跑过去，之后这个人被蜜蜂蜇了，然后他就会因此而怪罪我！

你曾经遇到过危险吗？

我很幸运，还没遇到过。但是对于以前被当作女巫的人来说，情况就很严重了：她们遭到了大规模的猎杀。因为据说女巫在夜晚可以变成一只猫，所以在近一百年的时间里，只要有女性与黑猫一同被看见，那她就会面临生命危险。

碰见一只黑猫真的不会带来厄运？

如果你相信这些鬼话，被吓得跌倒，摔到你的鼻子，那就的确是厄运了。对于英国人来说，我还是吉祥物呢！他们认为，抚摸一只黑猫、连续三次遇见一只黑猫或者自己养一只黑猫，都差不多意味着自己能中彩票大奖。只是美国人不这么认为……

为什么？

美国人认为，只有白猫才能带来好运。他们根本就不知道自己想要什么……

很久以前……

芙蕾雅

很久以前，当居住在欧洲北部的人们还不认识耶稣基督或者先知穆罕默德的时候，他们信奉北欧神话中众多的女神与男神。芙蕾雅就是这些女神中的一位，她是爱与美之神，也是一位女魔法师。她的车子由两只野猫拉着，因为猫是芙蕾雅最喜欢的动物。

穿靴子的猫

几乎每个人都听说过《穿靴子的猫》这部童话。故事讲的是一只聪明的猫要帮助它穷困潦倒的主人翻身，于是它向主人要了一双靴子和一个布袋，穿过荆棘到森林里打猎。它把每次获得的猎物都献给了国王，并用机智和勇敢打败了富有的食人妖魔，最终帮助主人得到国王的青睐和公主的爱慕。

创造纪录

17 年

爱尔兰人相信，如果伤害一只猫，你会连续 17 年都被厄运缠身。

不可思议！

在意大利，人们相信只要听见猫打喷嚏的人，都会有好运！

招财猫

日本的幸运猫有三种颜色，它白色的皮毛上有红色和黑色的斑点。关于招财猫有一个传说：大约在 450 年前，有一只这样的三色猫坐在一座古老的寺庙门口。一位富有的大臣正在寺庙对面的大树下躲避一场雷雨，三色猫对大臣一直招手，直到大臣向它走来。大臣刚刚过来，一道闪电就击中了那棵树。这只猫救了大臣的命！因此，如今亚洲的大部分商店里都会摆放一只招财猫，人们相信它能够带来好运。

全能好手

猫拥有运动员的身体，大自然给了它们超级英雄所拥有的能力。但是猫的身体为何如此特别?

灵活就是一切

猫的脊椎比我们或者其他动物的脊椎要灵活得多，因为它的脊椎骨之间的连接没有那么紧密，所以猫可以在睡觉时蜷缩成一团，也可以让自己伸长身体站立，或者做拱背的动作。

猫的锁骨比我们的小，并且在肩膀与胸膛之间的肌肉里，处于可活动的状态，这样肩胛骨与前腿就拥有极大的活动空间。猫的身体非常柔软，如果它想从一个缝隙间挤过去，它的前腿与后腿甚至可以朝不同的方向行走。

保持平衡

在玩耍、攀爬或跳跃时，猫的长尾巴被当作平衡杆来使用，但是仅仅一条尾巴还不足以让猫在摇晃的树枝上保持平衡。猫拥有非常好的平衡感，这得益于它耳朵里一个复杂的感觉器官，这个感觉器官能迅速地察觉到每一个动作与方向的变动，并且让猫的身体马上做出相应的反应——保持平衡。

牙齿

猫拥有食肉动物的牙齿，一共30颗。它的犬齿（尖牙）长而弯，特别适合咬住并杀死猎物。

耳朵

猫的耳朵很灵敏，形状可圆可尖。每只耳朵都可以通过27块小肌肉单独活动，聆听来自不同方向的声音。

眼睛

猫不能像我们一样转动眼球，但是在光线不足的情况下，它的视力比我们要好得多。

胡须或触须

猫可以通过它的触须在黑暗里感知周围的事物。长在鼻口部的硬毛被称为触须。猫前腿的后部也有具备感受能力的触须。

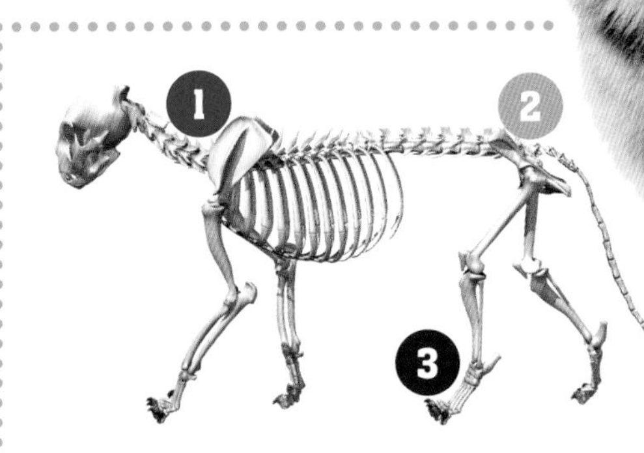

猫的脊椎（1）非常有弹性并且很柔软。

猫的尾巴（2）是脊椎骨的延长部分。

猫的脚趾骨（3）：猫只使用脚趾走路，而不是让整只脚都着地。

前爪

猫的前爪有四个脚趾，另外还有一个已退化的拇指爪。

尾 巴

猫尾主要负责保持平衡，另外还是猫的肢体语言的一部分。

运动传感器

猫不像人类一样整个脚掌踩在地面上，而是踮着脚尖悄悄行走。它们被称为趾行动物，并且拥有一种果断、自信的风度。猫脚爪上的肉垫让它们能够无声地潜行，除此以外，这些肉垫还拥有高灵敏度的运动传感器，可以感受到地面上最微小的震动，它们的脚爪甚至可以察觉到由声音引起的震动。

皮 毛

猫的皮毛能保护身体不受风、雨、雪、寒冷与炎热天气的侵袭，它是一层完美的保护罩。家猫的皮毛由两层毛组成：底层是又细又软的绒毛，它们负责在冬天保暖，表层则是较粗的被毛。

后 腿

猫后腿的强壮肌肉使它能够跳到自己身长五倍的高度。

爪 子

猫锋利的爪子藏在皮鞘里，被很好地保护起来。通常猫爪是缩进去的，这样可以保护爪子不被磨损，并且使猫可以无声地行走。只有当猫需要使用爪子当武器或者在攀爬的时候，才会把爪子伸出来。

翻正反射

猫是不是总能四脚着地？是的！如果一只猫从高处坠落，它的平衡感会让它的身体在空中转动，这样它在接近地面时会先四脚着地，起到缓冲作用。

猫可以察觉一切

在听觉、视觉、嗅觉与触觉方面，无人能够跟猫相比。在感官方面，猫远远超过人类。作为捕食者，它们要靠敏锐的感官生存！

猫耳可以听见一切

为了判断某个声音的来源，猫不用转头，它只需要转动耳朵。猫的双耳不仅可以听见声音，而且还是非常精密的测量仪。如果两种声音相距 40 厘米，猫的耳朵依然可以在 20 米外区分出来。而且猫的听觉比我们人类至少好三倍，当老鼠使用人无法听到的音频交流时，猫能听见这些声音！

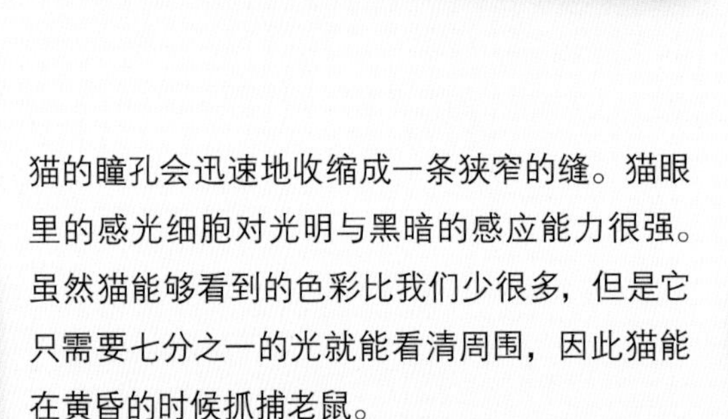

在中午明亮的阳光下，猫的瞳孔收缩成了一条窄缝。在晚上没有太阳的时候，它的瞳孔是圆形的。

在夜晚也一目了然

猫眼是大自然的杰作。猫的瞳孔在光线较暗的时候会放大，并且呈圆形；在明亮的光线下，猫的瞳孔会迅速地收缩成一条狭窄的缝。猫眼里的感光细胞对光明与黑暗的感应能力很强。虽然猫能够看到的色彩比我们少很多，但是它只需要七分之一的光就能看清周围，因此猫能在黄昏的时候抓捕老鼠。

只是懒洋洋地躺着？才不是呢！这只猫正在聚精会神地聆听。它的两只耳朵各自接收着两个来自不同方向的声音。

如果猫在夜间出行，还有一个伟大的绝招给它们提供帮助：在它们的眼睛后方有一层薄膜，可以把所有进入眼睛的光又折射到感光细胞上，二次利用光线，这层薄膜被称为反光膜，这就是为何猫眼在许多照片上会发光的原因。猫对在鼻子前方一到两米的移动物体看得最清楚，如果物体距离太远，或者直接摆在面前，猫反倒往往无法看见。

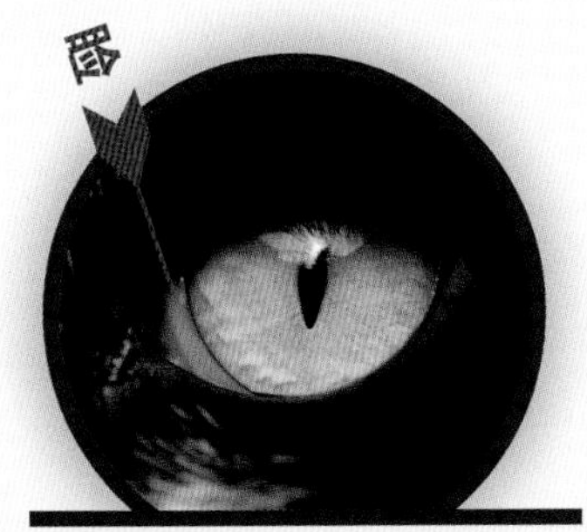

➜ 你知道吗？

猫有第三眼睑，又称为瞬膜，覆盖在结膜上以保护角膜及清除异物，或抵御小的异物。若单侧的眼睛发生第三眼睑脱出，可能是因眼睛受到刺激而造成的。

只有气味相投，才会喜欢

虽然猫没有像狗那样灵敏的鼻子，但是它

这只公猫闻到了一股它感兴趣的味道，它做出了裂唇嗅反应。是什么气味呢？

太窄了？才不呢，我能行！猫会使用触须去测量某个缝隙的宽度是否够让它穿过去。借助它的触毛，猫在黑暗中也能安全地活动。

还是比我们人类的嗅觉要好 12 倍。另外它们口腔的上颚部还有一个高度敏感的嗅觉器官，这个器官叫作犁鼻器，猫利用它识别细微的气味。猫微微张开嘴巴，吸入空气，使空气沿着上颚流过去，这个动作的术语叫作“裂唇嗅反应”。通常猫在空气中察觉到了一种让它感兴趣或者感到不舒服的气味，就会做出裂唇嗅反应。这可以是附近的另外一只猫，或者是香水的气味。如果某种猫食的气味不好闻，猫是根本不会去尝的。

舌头与触须的功能

猫无法尝出甜味，但是可以尝出一块肉里含有多少脂肪、水盆里的水已经放多久了，以及水来自哪里。猫的舌头像一张带有许多小倒刺的地毯，猫利用它粗糙的舌头刮掉骨头上的肉，并且可以用舌头来吃很小的食物残渣。猫的舌头可以接住水，还可以清理自己的皮毛。猫可以向前、向后、向下移动它鼻子左右两边的触须。这些触须也是正常的毛，只是比一般的猫毛要粗很多，它们连接着皮肤上高度敏感的神经元，这些神经元可以感知到每个轻微触碰与动作，甚至能感知到附近空气里微小的气流。

知识加油站

- 对于猫来说，电视就像是慢动作一样，因为跟人类相比，猫每秒钟能够看到更多的图片。
- “反射器”确保公路交通更安全，这些小的反光片是模仿猫眼的原理制作的。

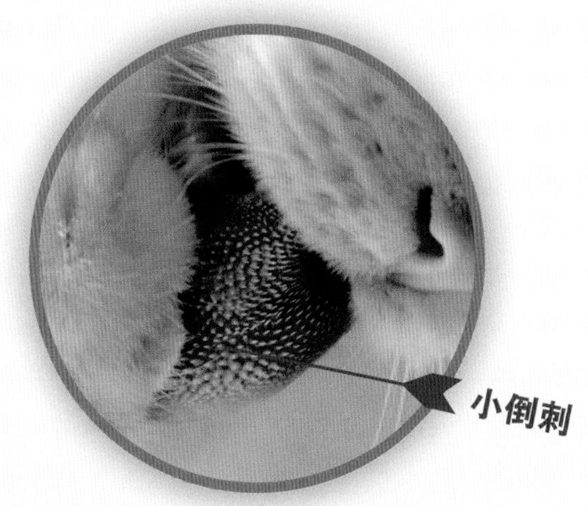

猫粗糙的舌头上的小倒刺能将它所舔掉的东西都送入胃里。猫并不善于吐出自己嘴里的东西。

在夜间，这只猫与这辆自行车很容易被忽略——除非它们像在这张图片里一样被光线所照射到。

猫的语言

猫会使用自己的气味来标记家与领地。它们用头部摩擦，这样就会留下自己独特的气味。有时候它们也会喷射尿液，以此给外来的猫划定“显而易闻”的界限。

为了与同伴沟通，猫会在散步的时候留下信号，它们同样会通过肢体语言来说话——如果它们愿意的话，也会使用声音来聊天。它们甚至为了人类而发明了一种特殊的语言！

我的气味，我的领地

为了避免陌生人闯入，人类会给房子与花园围上栅栏。猫也会给它们的家、花园和狩猎场围上栅栏。猫的栅栏不是肉眼能看见的，而是由一团团气味构成。这些气味是给其他猫的一个信号：“这片领地是属于我的！一旦闯入就要承担风险！”猫在下巴、两颊、额头、背部与脚趾间拥有可以分泌独特气味的腺体。家猫会在它的猫抓柱上定期留下一点气味。另外它还会用头去摩擦家具，而且在每次亲切的问候时，它们都会给它们的朋友身上分一点自己独特的气味。猫想要确保家里所有成员都拥有和自己相同的气味。在外面的花园、田野与草地上，猫会留下气味更强烈的标记：它们不仅会在树

放松状态（1）：如果猫耳这样竖立，说明猫感觉很好。

威胁状态（2）：如果猫生气了并准备发起攻击，它就会把双耳转向后面。

恐惧状态（3）：如果猫的双耳呈现出这个样子，就表示它害怕了并且准备防御。

你知道吗？

科学家们发现，猫可以故意欺骗人类：如果猫一定想要得到什么，它们就会发出某种喵叫声，让人听起来就像是婴儿饥饿的哭声。这样每个人都会马上去照顾它！

上留下抓痕，还会抬高尾巴，在树上与灌木丛上喷射尿液。

这只猫看见了某些可能对它构成危险的事物。它拱起背，竖起毛发，借此说："我也很危险！"但是它下垂的尾巴表示它也很害怕。

每一个动作都传递着信息

猫与猫之间不用说太多的话就可以沟通，因为它们有肢体语言，比如：观察它们的表情、尾巴处于什么位置、做出怎样的动作、站姿与坐姿如何，以及耳朵与触须摆出什么样子。每个最细微的改变都会被其他的猫发现并且读懂。猫甚至不用打架和嘶吼，它们只要对视就能够发动一场"战争"，谁先移开目光，谁就输了这场决斗，并且要给对方让路。如果有几只猫生活在一个家庭里，这种方式经常被用以欺负一只较弱的动物，并且把它驱逐到屋外。对我们人类来说，读懂猫微妙的肢体语言是很困难的。

猫怎样说话?

你肯定听过猫发出喵喵叫的声音，但这是家猫的一种特殊语言，这种语言是专门为了我们人类而发明的！家猫使用这种声音是为了让我们给它开门，或者为它打开猫食罐头，或者渴望被人抚摸。猫与猫之间当然也能使用语言进行交流。如果家猫之间相互呼唤，例如这样问："你跟我一起去厨房吗？"这让人听起来就像是"咯嘞咕"之类的声音。但是也有一些猫的声音是每个人都可以理解的。

不可思议！

猫发出的咕噜声有治愈伤口的神奇功能。

猫，你在说什么?

咕咕声： 这是猫问候最好的朋友，以及呼唤自己小猫崽的声音——但是恋爱中的猫也会对彼此发出咕咕声。

低吼声： 这是猫对周围世界所发出的明确警告：别靠近我，否则你会有麻烦的。

嘶嘶声： 并不意味着威胁，而是代表"走开""不要这样"。猫在被逼入困境或害怕时会发出嘶嘶声。

吐口水声： 当一只猫受到很大的惊吓，或者在感到彻底恐慌之前，就会吐出一口气，听起来像是吐口水的声音。

嚎叫声： 公猫决斗的时候，双方都会发出嚎叫声。它们互相威胁的目的是为了让另一方提前放弃，这样就不用真正地打斗。

咕噜声： 猫通过咕噜声表达它感觉舒服。如果猫想表明自己没有恶意或感到害怕、痛苦的时候，也会发出咕噜声。

受到惊吓：小猫竖起它的毛发，这样它的体型就会显得较大，同时还会发出嘶嘶的声音。

毛茸茸的小可爱：幼猫！

虽然五到六个月的猫还没有完全长大，但是它们已经可以生小猫了。母猫在妊娠约 66 天后，最多可以生下六只小猫。

大约1周

没有母亲就会感觉无助

新生的猫宝宝只比老鼠大一点，体重也很轻。一开始它还无法看见任何东西或者听见任何声音，连抬头都不会，但是它已经有嗅觉与触觉。小猫爬到猫妈妈的肚子旁边，并且开始寻找奶头。在最初的几天，猫妈妈几乎对小宝宝们寸步不离，它必须为无助的小猫保暖，并且保护它们。一旦有敌人靠近，不管对方有多么强壮，它都会像一头愤怒的母狮子一样发起攻击。

大约3周

你知道吗？

无论是狮子还是家猫，每只猫科动物都会在紧急时刻小心翼翼地用牙齿咬住小宝宝颈背部的皮毛，把它提起来。幼崽会把后腿缩向身体，并且一动不动地等待妈妈把它放下来。这是所谓的“捏掐诱导的行为抑制现象”。

每天都在改变

猫宝宝大多数时间都在吃奶和睡觉，它一天天地变得更强壮。大约在第七天，它开始睁眼，并且学着竖起自己的小耳朵。它的眼睛一开始是浅蓝色的，小猫还无法用眼睛看清周围的事物。猫宝宝两周的时候就会长出两颗乳牙。三周的时候，渐渐学会自己走路，并且开始探索周围的环境。猫妈妈总是尽量陪着宝宝，防止它做危险的事情。如果小猫跑得太远，猫妈妈就会在必要的时候用嘴把它叼回来。

开始学习

小猫现在的体重比它出生的时候重了四倍。它开始自己清理毛发，也开始玩游戏，并且第一次尝试吃猫食。现在猫妈妈开始训练小猫了，小猫会很仔细地观察妈妈在做什么，并且从中学习。猫妈妈非常有耐心，同时也很严厉。如果小猫不想学习的话，猫妈妈有时会打它的头，这就是所谓的"猫击"。

生活变得充满冒险

猫妈妈越来越多地让小猫们独自在家。如果猫妈妈在外面抓了老鼠，就会开始把猎物带回家里。小猫们先学习品尝老鼠的味道，之后猫妈妈会给它们示范如何捕杀老鼠。在与兄弟姐妹们的尽情游戏与打斗中，小猫学习攻击与防御、捕捉与狩猎、攀爬与潜伏——这些也是一只猫必须学会的技能。它们也会练习猫的肢体语言，还会学习发出嘶嘶声与低吼声。

十二周大的猫

到八周时，小猫眼睛的颜色已经从浅蓝渐渐转为成年猫的颜色，例如绿色或橘红色，它的视力也发育成熟了。到了十二周，猫的童年就结束了。它们现在只吃固体食物，猫妈妈也不让它们再吃奶，并且越来越频繁地打发它们离开。它们现在已经长大，可以组建一个新家庭了。

对还是错？

猫能从每棵树上下来？

错！猫伸出爪子爬上树很容易，但是如果要从树上下来，就必须往后爬。只有这样，它们才能用爪子抓牢树皮而不致于滑落。缺少爬树经验的猫经常会在下来的时候尝试往前爬，它们会发现这样行不通，于是开始陷入恐慌。这时它们就会像被定住了一样坐在一根树枝上，不敢动弹。它们太怕掉下来了，于是就坐在那里，直到有人爬上树把它们给救下来。

错误

牛奶适合猫饮用？

错！成年猫喝牛奶会导致腹泻。当猫宝宝开始吃固体食物时，它们的身体就开始丧失消化乳汁的能力。所谓的猫咪牛奶是经过特殊处理的，所以一般不会有问题，但是不排除某些猫还是无法消化，所以给猫喝水就足够了。其他的危险食品有：巧克力、洋葱、大蒜、未煮熟的蛋白、葡萄干与葡萄。千万别让猫碰它们！

猫草

错误

猫喝牛奶的误会也来自广告：在广告中经常可以看见猫喝牛奶。

猫会吃草？

是的。猫会在理毛的时候吞下毛发，如果这些毛发不随着食物从胃里排出，猫的肚子里很快就有了一个小毛球。猫吃草就是为了摆脱这个小毛球，因为草可以帮助猫消化这些毛发。家猫会很高兴拥有一盆属于自己的新鲜青草、小麦苗或者从宠物商店里买来的猫草，这样猫就能够啃咬这些草苗，否则猫就必须把胃里的毛球从食道里挤上来并且吐掉。

正确

猫在外面可以很好地靠自己生存？

错！在城市里，已经不再是家家户户都在后院养猪或者养鸡，因此也不会引来老鼠了。就连农场里，老鼠也比以前要少得多。如果一只猫是在城市里出生并且长大的，它就无法学会捕猎。在外面，如果没有喜爱动物的人士帮助它，它就得挨饿，而且还很容易感染上致命的疾病。

流浪猫的生活很艰难。所以在德国，遗弃一只猫最高会被罚款25000欧元！

猫怕痒？

是的。猫喜欢让信任的人抚摸自己的肚皮，但是很不巧的是，猫的肚皮可能会很怕痒。如果猫觉得太痒了，它可能会尝试阻止人类用手摸它，或者用爪子把手推开。如果这不管用，并且猫觉得痒得受不了，它的身体就会自动地做出防御反应：它会用前爪抓住摸它的手，并且用后腿上的爪子疯狂地挠这只手。猫并不是故意这样做的，这是一种它们自己也无法阻止的本能反应。

猫有七条命？

错！猫也只有一条命。可是为什么有人说猫有七条命呢？因为与其他的家畜相比，猫可以更好地应对危险情况，它们也是非常顽强的求生艺术家。以前的人们无法对此作出正确的解释，所以他们认为猫有多条命。顺便说一下，在英国，人们说猫有九条命——可能因为在中世纪的时候，人们认为女巫可以九次把自己变成一只猫。

欢迎来到家里

猫并不总是喜欢被抱在怀里，只有在真正亲近的人抱它的时候，它才会保持安静。

小猫对它们不认识的事物总是感到很好奇，有时候它们也会打碎某些物品。

猫会在你绞尽脑汁做算术题的时候陪着你，当你遇到问题的时候，它会耐心地倾听——而且如果你觉得太吵闹了，它会安安静静地待着。总之，猫是一个非常棒的朋友！在德国，猫是最受欢迎的宠物。

考虑清楚再养猫

如果你想要养一只猫，必须考虑几个重要的问题：猫会分享你未来大约 15 年的生活。全家人是否都同意接纳这位新的家庭成员？你们其中有人对猫过敏吗？在你们的居所里允许养猫吗？你们想要一只纯粹待在室内的猫，还是一只可以外出的猫？你的家庭能负担每个月大约 50 欧元的猫食、猫砂与兽医费用吗？

从哪里可以得到一只猫？

如果你不想养一只纯种猫的话，你最好在家附近的动物收容所或者在动物保护协会的网页上查看，那里有各种年龄的猫。另外，动物收容所里的猫已经被兽医检查过，注射过所有的疫苗，并且可能也已经做了阉割手术。在报纸上“赠送”栏所刊登的猫，大多数都没做过阉割手术，而且还需要去兽医那里接受检查。这可能会花费一大笔钱。

→ 创造纪录

超过一千万只

超过 1000 万只猫生活在德国人的家里。猫的数量远超过狗、豚鼠、鸟与其他宠物！

“这里我也可以钻进去！”新家的每一个角落都会被猫仔细地探索。

不可思议！

猫甚至还会开门！这是它们通过观察学习到的。如果猫特别想进入某个不被允许进入的房间，并且看见人类是如何开门的，这时，一只特别聪明并且富有毅力的猫就可以学习开门的动作。

如果你想要一只纯种猫，你最好在网上寻找一家育猫协会，他们可以告诉你附近的育猫者的联系方式。

回家的最初几天

一个陌生的住所，一群陌生的人——这对猫来说意味着压力，并且让它感到害怕，连自信的猫也需要几天的时间来适应环境。所以在猫回家的第一周，不要邀请朋友来访。猫在新家的最初两周里不能到户外去，因为它可能找不到回家的路。猫食要放在一个让猫感觉安全的地方，这个地方不能总是有人经过，也不能有响声，以免猫受到惊吓。半岁以下的猫每天至少要吃三餐，成年猫吃早餐与晚餐即可。作为曾经的沙漠动物，猫很少喝水，所以它绝大部分的食物应该是带有水分的——比如猫罐头。猫粮是一种很受欢迎的零食，可以偶尔给猫吃，并且对猫的牙齿有益。

我的猫需要什么？

1 一个装食物的碗和一个装水的碗

猫喜欢较大的玻璃碗或者陶瓷碗，因为猫不喜欢自己的触须总是碰到碗的边沿。

2 一个猫抓柱或猫抓板

如果没有这个玩具，猫就会在家具或者地毯上磨自己的爪子。

3 一把刷子

其实只有毛发较长的猫才需要刷子，但是短毛猫也特别喜欢被轻轻刷毛的感觉！

4 至少一个猫厕所

猫厕所在任何情况下都是必需品，即使猫会在花园里大小便。

5 一个运输箱

带猫去宠物医院时可以把它放在运输箱里。塑料材制的运输箱更容易清洗。

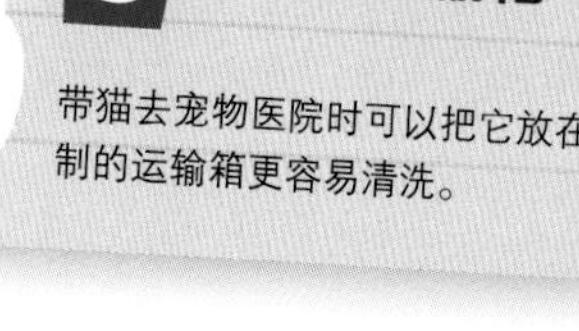

你知道吗？

怎样才能找到一只跑丢了的猫？通过兽医给它在皮下植入一个芯片。这个芯片跟一颗米粒的大小差不多，它记录了猫的行动轨迹。如果走丢的猫被送往动物收容所，使用一种设备就可以读取它芯片里的数字，这样就可以帮助它找到主人。

一生的朋友

即使是朋友之间也会有意见不一样的时候，猫也会使用自己的方法来讨论问题。最糟糕的情况是，它们从此以后再也不是朋友了。

研究人员对猫的家庭生活充满兴趣，因为其中有他们无法解开的谜团。比如，在正常情况下，没有一只母猫会让公猫接近它的幼崽。但是有些母猫并不驱逐小猫的爸爸，而是会让猫爸爸来给自己帮忙。没人知道它们为什么这样做——猫可是不会回答问题的!

在一起，更强大

绝大多数的猫科动物都是独行者，但是家猫却不是这样。比起独自生活，它更喜欢与其他的猫生活在一起。如果猫住在一个牲口棚里，以抓老鼠为生，就像在一百年前那样，它们就会组成一个居住团体，一起捍卫自己的住所与狩猎场不受其他猫的侵扰，并且保护幼崽不被貂、狐狸与其他食肉动物袭击。它们在一起可以更好地达成目的，并且取得更好的效果，但是家猫总是独自捕猎。

公猫是老大吗?

这个居住团体主要是由猫妈妈与它的女儿们组成，再加上一到两只公猫。虽然公猫看起来像是团体里的老大，但是并没有猫听

“我很喜欢你”：猫只喜欢让家人或者它最好的朋友清洁它的脸。

不可思议!

如果猫与老鼠从小在一起长大，它们就永远不会成为敌人!

如果猫在外面靠自己生存，小猫咪会待在猫妈妈的身边，并且它们会互相帮助。

它的话。在猫的世界里，没有一个可以率领所有猫的领袖。虽然如此，每个猫团体里都有一定的等级制度。某些猫更强壮、更有经验，或者更自信，它们可以先吃猫碗里的食物。如果它们想要坐到最受欢迎的位置上，其他猫也会给它们让位。

现在，只有少数的猫能适应在一个大型猫团体里的传统生活。城市里的大多数猫甚至从来都不出家门，也不抓捕老鼠。但是没有猫想放弃与朋友一起居住的团体。猫是否能找到朋友，与它是怎样度过生命最初的几周有关。出生后第二周到第七周之间的时期叫作敏感期，小猫永远不会忘记它在这段时期所经历的一切。如果在这段时期，它学会了与人类交朋友，那么就会认定人类是它的朋友，且一生都会如此。这也适用于狗与其他宠物。如果一只小猫在它生命最初的 10 周不与人类接触，它可能永远也无法成为一只喜欢被人搂抱的猫。如果小猫从小失去母亲，并且是由人类用奶瓶喂大的，可能它长大后甚至连其他的猫都不喜欢。

让猫独自在家?

如果一只猫可以自由外出并且能在外面遇见其他的猫，到了晚上它还是会很乐意回到主人的住所，它可能不在意住所里还有其他的猫。如果是纯粹待在室内的猫，情况就完全不一样了。它们不应该被单独饲养，特别是如果主人要去上班，并且猫要整天单独在家的话。所以室内猫应该至少两只一起养!

如果猫从小就在马厩长大的话，马也可以成为它最好的朋友。

猫与狗也能成为同甘共苦的朋友! 但是有些狗只跟自己家里的猫做朋友，它们甚至会驱赶陌生的猫。

信任就是一切：豚鼠与小猫之间可以建立友谊。但是如果豚鼠面对的是一只陌生的成年猫，它就会感到害怕。

清洁一点都不能马虎!

创造纪录

约三个小时

一只猫每天大约花费三个小时来清洁自己的身体!

如果有人说，猫比某些人要干净，那他说得没错。没有一只猫会脏着脚去睡觉，猫总是注意让自己保持干净，它们会花费很多时间清洁和护理身体。

每根毛发都是整齐的

猫会及时把碎屑、污渍从它们的皮毛上舔掉。另外，它们每天都会从头到尾彻底清洁自己两次。因为它们的身体非常柔软，所以它们全身上下几乎没有舔不到的地方。它们的舌头就像毛巾一样，同时也像一把毛刷。草籽、带刺的种子、灰尘——无论散步时在皮毛上沾了些什么，都会被猫清除掉，直到所有的毛发都重新变得柔顺光滑，散发出丝绸般的光泽。不仅如此，每根猫毛底层的皮肤里都有一个皮脂腺。在清理毛发的时候，猫会把稍微油腻的皮脂分泌在它的皮毛上面，因此雨雪都不会渗进猫的底层皮毛，猫就好像穿了一件雨衣，风也不会吹乱它的毛发，所以就算遇到恶劣的天气，猫也做好了充分的准备去抓老鼠。

磨爪是有必要的

猫的爪子是工具，同时也是武器。如果猫经常去外面游

如果猫很健康并且营养良好，它在冬天就不会受冻。它的毛发会长得十分浓密，这样雪花落在它的毛上也不会融化，它才能保持身体干燥。

知识加油站

- 猫应该尽量减少洗澡次数，因为肥皂会破坏它皮毛上的油脂保护层，这需要几天才能恢复。
- 如果一只猫停止清理自己的毛发，这表示它得了很严重的病。

猫非常喜欢被抚摸或者被刷毛，但是方向一定要对：从头部到尾巴，因为猫的毛发是顺着这个方向生长的，也是朝这个方向倾斜的。如果抚摸或者刷毛的方向与毛发的生长方向相反，会让猫非常不舒服，它们的毛发会因此变得乱糟糟的，这使它们不得不花费许多时间去理顺毛发。

荡，它们的爪子自然会被磨掉；如果猫待在室内，这就行不通了。它们会经常磨爪，用它们的前爪钩入猫抓柱、猫抓板或者沙发，然后把爪子用力拉出来。它们会自己咬断后腿上的爪子。如果你在猫抓柱上发现一个爪子的话，这并不意味你的猫受伤，因为猫如果失去了爪子就无法捕猎，这样它就会饿死，所以大自然想了一个好办法，让猫的爪子可以像蛇一样蜕皮。在猫爪里面会不断地长出新的锋利的爪子。当新的爪子长好了，外面的一层旧爪子就像旧皮一样脱落下来，所以挂在猫抓柱上面的只是爪子的外壳。

年纪较大的猫有时会顾不上护理自己的爪子，如果爪子长得太长，就必须剪掉它们。兽医会告诉你怎样在家里完成这个步骤。

两个地点

野生猫科动物几乎总是在它捕杀猎物的地方吃掉自己的猎物。要喝水的时候，它们就会去一个干净的水源处，即使这个水源在很远的地方。我们的家猫保留了这个习惯，它不喜欢装食物与装水的碗被放在一起，这样它可能就不会喝水。如果每次进食的时候，它的碗没有被洗干净并且被装上新鲜的食物与水，它可能也会拒绝进食或喝水。猫不喜欢放干了的食物或是放置时间太久的水。野生猫科动物还有两处不同的厕所，分别在大小便时使用。它们会小心翼翼地用土掩埋自己的粪便，不让人发现它们的行踪。家猫也保留了这些上厕所的习惯，所以为了让它们真正地感到舒适，一只猫需要两个厕所。猫也很注意保持厕所的清洁，有些猫甚至坚持在每次如厕之后，都要求有人清理它的粪便。

学习要趁早：不到三周的小猫就开始尝试清理毛发了。

你知道吗?

“像猫一样洗澡”是指一个人用很少的水草率地洗澡，这是因为猫洗澡的时候不用水——猫甚至怕水，但是猫是很爱干净的动物哦!

理解你的猫

有时候理解猫并不是一件容易的事情。猫有自己的意志，而且它们表达信息的方式与我们完全不同。特别要小心不认识的猫，如果一只陌生的猫静静地坐着，这并不意味着它想被抚摸，它只是很小心。如果你走近它，可能它就会对你嘶吼，这表明这只猫很害怕。如果你现在尝试摸它，很可能会被它扑过来的利爪抓伤。但是如果一只猫打哈欠、伸懒腰，或者开始理毛，就是向你显示它不想开战。有时候我们自己的猫也会做出对我们来说像谜一般的事情。在这里你可以找到一些谜底!

眨 眼

人与人之间说话的时候，会互相看着彼此的眼睛，猫从来不这样做。如果猫想友好地打招呼，它们就会眨眼：它们慢慢地闭上眼睛，然后再睁眼，并且往一边看。如果你想向一只陌生的猫表示你的友好，你也应该这样做。

带猎物回来

如果你的猫可以自由外出，可能它嘴里会衔着一只老鼠或者一只鸟回家，它是否把它的猎物作为礼物带给你?为了证明它对你的爱?还是只是因为它觉得在家才是绝对安全的，并且可以不受打扰地享用猎物，所以它才把它的猎物带回家?研究猫的专家们对此还无法统一意见。

踩踏动作

如果猫依偎着你发出咕噜声，就是信任与爱意的最好证明。如果你的猫用一只爪子轻轻地触碰你，这表明它想被你抚摸。还有另外一种爱的证明，就是所谓的踩踏动作：猫坐在你的腿上，一边发出咕噜声，一边用自己的前爪踩你的大腿，这时爪尖是伸出来的。猫这样做，是因为它感觉很舒服，就像它还是猫宝宝的时候一样。那时它躺着猫妈妈的身边，吮吸着乳汁，并且在猫妈妈的肚子上做踩踏动作，这是为了让更多的乳汁流出来。

你知道吗?

猫最初遇到狗的时候，也有沟通方面的问题。为了表示友好欢迎，狗会摇自己的尾巴。对猫来说，这是攻击前的最后警告！如果狗靠得太近，猫会惊慌失措地逃走，或者会给狗尝尝自己爪子的滋味。如果猫与狗对彼此有了更好的了解，它们就能正确理解对方的肢体语言。

偷食物

猫其实与我们人类拥有同样的感受：它们可以感受快乐与幸福，还可以一生都爱某个朋友。但是它们也可以感受悲伤与难过，或者觉得自己完全无依无靠。只是它们不知道什么是内疚，就像它们不知道什么是偷窃一样。如果它们从桌子上拿取香肠或者其他美食的时候被发现和训斥，猫只会理解为："我要尽量不被发现。"下一次它们就会更加注意，不让自己再次被当场抓住，但是它们仍然会去拿取那些美食。

猫不喜欢什么?

1. 噪声，包括吵闹的音乐
2. 受到惊吓
3. 从沉睡中被吵醒
4. 在上厕所的时候被打扰
5. 冲淋浴或者泡澡
6. 香烟烟雾
7. 被关起来

头顶头

一只对你感兴趣的猫会靠近你，闻你身上的气味，它还会抬起自己的尾巴，并且蹭你的腿。你回家的时候，你的猫也会这样做，它会发出咕噜声，表示欢迎你回家，毕竟它想知道你去了哪里，从外面带回了哪些气味。如果它用自己的额头顶你的脸，你也不要感到惊讶，因为这种头顶头的行为是猫欢迎家人与好朋友的方式。

把一张折叠的纸绑在一根长绳上，它立刻就变成了令猫感到兴奋的捕猎玩具。

请跟我玩耍

一只猫是否喜欢玩耍，主要与它的生活方式有关。每天都花上几小时在花园、田野与草地漫步的猫几乎不贪玩，它们消耗了足够多的精力，回到家的时候就已经很累了。室内的猫却很想玩耍，并且必须要玩耍! 它们每天至少需要一个小时的游戏时间，以弥补它们不能像其他猫一样在外面冒险的遗憾。

力量与智慧并存

在玩耍的时候，有些猫只要有足够的运动量就足够了：它们喜欢跳着去捕捉毛绒老鼠，还会追逐逗猫棒上的羽毛。其他的猫喜欢挑战智力的游戏，目的是为了得到猫食或者美味的小零食。但是你不用买昂贵的猫咪玩具，用很简单的东西就可以让猫玩得很开心，比如一只小猫看见一大张报纸就会很兴奋。小猫会跳到报纸上面，还会尝试钻到报纸底下。你也可以拿一个大纸袋，剪掉两边的提手，然后把它放在地上——猫的游戏洞穴就完成了。纸板盒也是一个很好的隐藏所。如果你还在里面放入一些干草或者弄皱的报纸，并且在下面藏一些猫粮，你就可以让你的猫开始寻宝了。你要时常想出新点子，你的猫会很喜欢的!

教育是必须的

猫不像狗那样顺从，但是它们必须知道什么事情是被禁止的。有几种不同的方式可以制止它们：如果你的猫跳到桌子上，你要大声说不，并且把它给放下来；如果它用爪子抓你的手指，你可以用力对它吹气；如果它正在扯一盆植物，你用喷壶喷它，就会让它兴趣全无。如果每次猫做被禁止的事情都会受到制止，时间长了它就不会去犯错了。永远别打你的猫，也永远别对它们吼叫，它不明白这是惩罚，只会让它对你感到害怕。

这是猫所不喜欢的东西!

手指与脚趾是禁忌

许多猫喜欢玩追逐猎物的游戏。在宠物商店里可以买到给猫玩的羽毛逗猫棒，你也可以找一根用天然纤维做成的绳子，在上面系一个软木塞，这样你的猫也能玩得很尽兴。在任何情况下，你都不能让小猫去抓你的手指，也不能在被子里晃动你的大脚趾，否则小猫会跳过去咬住这个“猎物”。在整个学习过程中，小猫会以为它可以用你的手指与脚趾玩捕捉老鼠的游戏。如果小猫长大了，某一天在清晨很用力地咬你的大脚趾，让你痛得从睡梦中惊醒，你就会觉得这一点都不好玩了。

不适合玩耍的危险物品

铝箔纸做的小球

如果猫吞下铝箔碎片，会导致内脏受到严重的损伤。

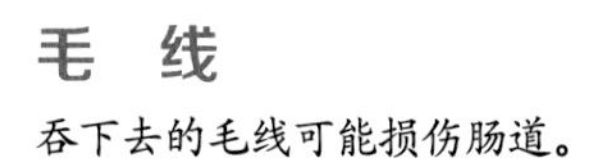

毛　线

吞下去的毛线可能损伤肠道。

激光笔

如果激光太强，会对眼睛造成伤害。

乐高积木

如果猫吞下它们，就必须去兽医那里接受手术。

塑料袋

如果猫在疯狂玩耍的时候被缠在里面，可能会窒息。

活动板：

活动板是为猫准备的小游乐场，可以让它玩个痛快。为了获取美味的小零食，它必须聪明又执着地用不同的方法去尝试。你可以自己制作一个简单的活动板，尝试一下吧！

你需要：

- 1个尽量大的带盖子的硬纸板鞋盒
- 1个纸浆鸡蛋盒
- 1个空的纸巾盒
- 7个卫生纸筒
- 1个厨房纸巾筒
- 2个纸杯
- 无溶剂胶水
- 剪刀
- 小零食

1 清除纸巾盒上的塑料边缘，并且剪掉纸浆鸡蛋盒的上半部分，然后把纸浆鸡蛋盒的下半部分与纸巾盒一起贴到硬纸板鞋盒里。

2 拿一个卫生纸筒，把它剪成不一样大的两部分，然后在每个小纸筒的一边剪出小细条。把这些小细条往外折，并且在它们下方涂上胶水。之后把这两个小纸筒放进硬纸板鞋盒里，压好边沿以确保粘牢！

3 用六个卫生纸筒粘贴成一个金字塔的形状，然后把这个金字塔贴在鞋盒盖上。之后在厨房纸巾筒上剪出几个洞，并且把它也贴到鞋盒盖上。

4 在一个纸杯上剪出一个开口，然后把两个纸杯的底部粘贴在一起，让开口的纸杯朝下，就这样把连在一起的纸杯贴到鞋盒盖上。

5 把鞋盒盖与鞋盒的侧面贴在一起。等胶水干了，你就可以在各个地方装上小零食——然后开始给猫玩吧！

每天都有新的冒险

你知道吗?

如果猫之前只待在公寓里，后来随家人搬到一栋带花园的房子里，它们会害怕门口的陌生世界。一开始它们只会非常谨慎地到外面去，并且可能因为身后的门没有一直保持敞开的状态而陷入恐慌。一只习惯待在公寓里的室内猫需要很长的时间才能享受新的自由。

几年前，一位好奇的猫主人想知道他的公猫白天在外面都经历了什么，于是他做了一个微型摄像头，这样猫就可以把它戴在项圈上。每两分钟摄像头就会自动拍摄这只公猫看见了什么。这些照片可以告诉我们许多信息，比如猫的户外活动，以及它们的一天是怎样度过的。

所有的猫都是一样的吗?

一只户外猫怎样度过它的一天，取决于它生活在哪里。在一个被田野与草地围绕的小村庄里，一只公猫往往还像以前那样生活，它的一天主要由视察领地与狩猎组成。一般来说，每只猫都有一块领地，它每天都会检查领地的边界，并且把其他的猫从自己的领地上驱赶出去。一只生活在城市里的猫会到处转来转去，它可能还会去拜访一两个猫友。另外，对于在城市里的猫来说，捕猎只是一种娱乐——因为它们会被喂食，它们的人类家庭是生活中最重要的一部分。

猫一般都在家附近 500 米以内活动，公猫有时会去更远的地方。

发现老鼠!

猫在捕猎的时候会小心翼翼地靠近猎物，越近越好，然后耐心地等待时机，猛地跳起来去攻击猎物。但是猫不会连续几个小时都埋伏在一个老鼠洞旁边。它们等待的时间一般都不会超过半个小时，之后它们会到另一个曾经成功捕猎的地点去。如果猫抓住一只小鼠，它会用前爪牢牢抓住小鼠，然后对准其颈背咬下去，

猫在它们的活动区域有自己习惯的路径与地点，它们差不多每天都会去那里。

不可思议!

有些猫有自己的网站，它们的主人给它们买了猫摄像头，这样人们就可以通过摄像头看见猫去过哪些地方。你也可以在网上看到这些照片与视频。

把它杀死。相比之下，大鼠是一个危险的对手，会用它锋利的牙齿到处乱咬，这样可能会使猫受到伤害。猫会通过多次把猎物抛到空中，然后让猎物跑一小段路的方法来保护自己，因为这样猎物就会变得越来越虚弱，猫就能很容易咬死它。有时如果某一次捕猎对猫来说非常惊险刺激，它就会在成功捕猎后疯狂地玩弄已经死去的猎物，这是为了消除它内心的紧张情绪。

最好别生猫宝宝

每只可以在外自由游荡的猫都应该尽量在五个月的时候被阉割，通过这个小手术，它就无法生育后代了。没有被阉割的公猫有时候为了寻找母猫会步行数千米。不幸的是，其中很多公猫都会成为交通事故的受害者。另外，做过阉割手术的猫也更亲近主人，更友善。它们也更不容易得某些危险的病，因此可以活得更久。

有些猫习惯了被主人用牵引绳牵着。

公猫奥斯卡的一天

公猫奥斯卡整天在做什么呢？跟随它一起去游荡吧！像这样的户外猫会把周围的一切变成地图存储在脑海里。它们会记住周围的环境，这些声音、气味与画面能帮助一只户外猫顺利回家。

吃完早餐后，在离开家前我还睡一会儿。然后就穿过猫洞上的活动门，开始冒险了！

我去探望一下我的朋友本尼，它今天没兴趣外出，因为在窗台上睡觉实在是太舒服了。

三天前我在这里抓了一只老鼠，说不定我今天能再次走运呢？

现在我很想被人抚摸一下，那就去学校操场吧！

在这里我会长时间地盯着窗边的鸟笼发呆。好累哦，现在我需要打个盹！

噢，太阳要落山了！我得赶快回家，我的家人马上要回来了！面包店门口太香了……稍微去那里看看应该没什么问题。

尾巴抬得高高的！

野生猫科动物用高举的尾巴和呼唤声来告诉它们的朋友自己要过来了，这样可以在靠近的时候不会因为被误认为是一只陌生的动物而受到攻击。当人们回家的时候，家猫也会使用相同的方式来欢迎它的家人。

沙发上躺着一只狮子

小猫咪、小肉爪、家里的小老虎——这只是猫的众多昵称中的一部分。“家里的小老虎”这个称呼其实比大多数人所想象的要贴切，因为每个家猫的身上依然保留着许多令人惊讶的捕食者习性。

学习要趁早

所有的野生猫科动物都会为它们的幼崽带回活的猎物，这是为了让幼崽可以练习捕猎。生活在户外的家猫也会这样做，只是对于生活在室内的猫来说，这是比较困难的——所以它们只好玩猫玩具了。

良好的照顾

在狮群以及在猫的团体里，“姨妈们”也会一起照顾幼崽，比如当母亲去捕猎的时候，幼崽就会由“姨妈们”来照看。如果“姨妈们”自己生了小宝宝并且有了母乳，它们甚至会亲自给幼崽哺乳！

用鼻子来打招呼

野生猫科动物或家猫遇见同类朋友时，会用鼻子来打招呼，比如互相碰一下鼻子。在这个过程中，它们会交换彼此的气味，并且确定它们的信任关系。

伙伴们靠在一起

猫科动物的家庭成员或者好朋友在打盹的时候喜欢靠在一起——狮子与家猫都是这样。它们这么做可能是为了彼此取暖，也可能是出于对危险的防范，或者表达彼此之间的爱意。这些动物甚至会相互清洁毛发！

对准猎物，准备，冲！

与它们的野生亲戚一样，家猫也拥有与生俱来的狩猎本能。可以外出的家猫在抓捕老鼠的时候所运用的技巧与野生猫科动物一样：它悄无声息地靠近猎物或者潜伏着等待时机，然后猛地扑上去。如果有机会，家猫也会尝试捕猎，误入住所里的苍蝇、蛾子或者蜘蛛都可以是家猫的猎物。

喜欢开阔的视野

与狮子一样，家猫也喜欢躺在高处。
在高处它们可以更好地眺望周围，这样就不会被敌人偷袭了。

著名的猫

猫咪站长小玉

小玉是日本和歌山县贵志车站的一只幸运猫，它在它的家乡日本是一位真正的明星。它的母亲是一只流浪猫。小玉对前来旅行的旅客特别热情。越来越多的人乘火车来这里，只为了观看这只友好的猫，于是铁路公司任命小玉为车站站长。它甚至还有一顶专门为它定制的制服帽，以及一间配有猫抓柱与猫厕所的“办公室”。

航空先驱基多

基多是第一只（几乎）在空中横跨大西洋的猫。1910 年 10 月 15 日，有一艘从美国飞向欧洲的飞艇起飞，在此之前还没有一艘飞艇敢于挑战这条航线。基多悄悄地混上了飞艇，当它被发现的时候，艇长使用无线电接收装置对他在地面站的女婿说：“罗伊，过来把这只该死的猫接走！”这是使用无线电从飞艇传输到地面的第一句话。之后这艘飞艇偏离了预定航线，不得不在海上着陆。所有的乘客与基多都坐船回到了纽约。

“小老鼠”与猫咪

“小老鼠”是一头生活在柏林动物园里的雌性亚洲黑熊，在它年迈的时候，一只黑猫来拜访了它。没有人知道这只猫是从哪里来的，也不知道它为什么非要留在“小老鼠”的熊舍，但是有一件事情可以确定：这头母熊与猫咪成为了难舍难分的朋友。

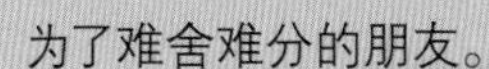

鲍勃与詹姆斯

詹姆斯·鲍恩曾经是伦敦街头一位贫穷的流浪艺人，他发现了受伤的流浪猫鲍勃，并悉心照料它，直到它恢复健康。从此以后，公猫鲍勃再也没有离开过他的身旁。这位流浪艺人与伴他左右的猫的照片与视频很快传遍世界各地。如今，他们已经闻名世界，不再需要在街头卖艺了。

小猫 CC

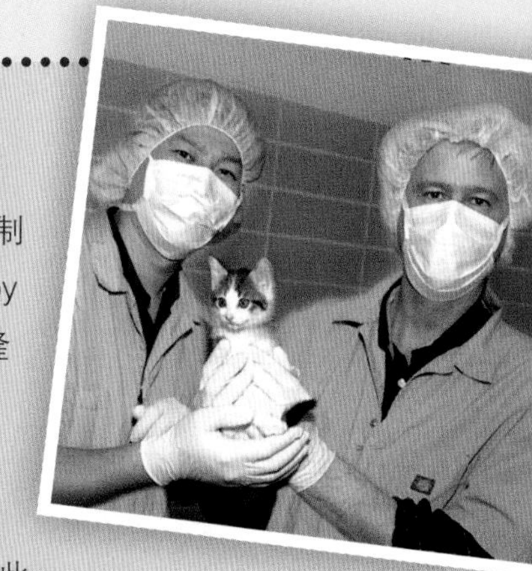

小猫 CC（复制猫的英文缩写 copy cat）是世界上第一只克隆猫。2001 年 12 月 22 日，它出生在美国得克萨斯州。它看起来很像为其提供基因的母亲，尽管如此，它们的样子和毛色都不相同，这可能阻止了许多猫主人克隆猫的想法。不过，也可能是超过五万欧元的昂贵克隆费用阻止了他们。

捕鼠官拉里

公猫拉里曾经是一只无家可归的流浪猫。如今它是英国首相府的首席捕鼠官。2011 年，它从伦敦的动物收容所被选中，保护位于著名的唐宁街 10 号的英国首相府不受小鼠与大鼠的侵扰。拉里的工作完成得非常细致出色，所有人都喜欢它。

博物馆保安瓦夏

公猫瓦夏与其他 50 多只猫是全世界仅有的博物馆保安猫，他们住在俄罗斯圣彼得堡的艾尔米塔什博物馆里。这座巨大的建筑物以前是俄国沙皇的宫殿，如今成为了一座博物馆。猫咪们生活在如同迷宫一般的地下走廊与地下室里，它们会保护房子不让老鼠入侵。

费莉切特

费莉切特是第一只进入太空的猫。1963 年 10 月 18 日，费莉切特被放在一个专门为它制造的太空舱里，被一枚火箭发射到 163 千米的高空！太空舱从高空降落，然后借助降落伞降落到地球上，费莉切特毫发无损地完成了它的太空冒险。

土耳其安哥拉猫

土耳其安哥拉猫源于土耳其，它是最古老的长毛猫品种之一。当它传入欧洲的时候，曾经是欧洲贵族宫廷里的明星。在它的故乡土耳其，只有白色的土耳其安哥拉猫被认为是纯正的。这种猫生性温顺、好奇，喜欢亲近人，喜爱玩耍，也喜欢小孩。不过现在，土耳其安哥拉猫已经变得非常稀有，在土耳其的动物园里，人们会对它们进行人工培育。

不同品种的猫

几千年前，所有的猫都长得很相似，它们被当作第一批奢侈品或者送给统治者的贵重礼物。但是新家园的不同环境改变了它们。在炎热的地区或者热带地区，猫失去了它们保暖的底层绒毛；在岛屿或者偏远地区，猫进化出了非常特殊的毛色、行为或身体特征，比如短尾巴;在冬天非常寒冷严酷的地区,猫的毛发更长、更浓密、更保暖，北半球高纬度地区的所有猫都拥有这样的皮毛，比如挪威森林猫和西伯利亚森林猫的品种就是如此形成的。

知识加油站

▶ 今天，全世界约有 100 多个品种的猫，它们都是由三种类型的猫相互杂交而来的。

像浣熊一样的猫

还有第三种所谓的森林猫，就是美国的缅因猫，它是体型最大、毛发最松软的猫之一。它有着长长的毛发，脚爪上长满了像雪靴一样的毛，这些毛能防止它在冬天陷入深雪里。关于缅因猫（缅因库恩猫）的起源，有几个不同的故事：据说一位名叫库恩的法国船长有一只雄性长毛猫，它在美国缅因州的众多港口城市留下了后代。它的基因与流浪猫的基因混合，形成了缅因猫这个品种。另外一个传说表示：不是这样，缅因猫是猫与浣熊的杂交品种！但是从生物学的角度上来说，这是根本不可能的。

缅因猫

超级大型猫：一只雄性缅因猫的体重超过九千克，它从鼻尖到尾尖的体长可以超过一米！缅因猫喜欢亲近人，人到哪里它都想跟着。它还喜欢玩耍，并且喜欢玩有吸引力的游戏。

土耳其梵猫

土耳其梵猫很聪明，它很喜欢玩耍，也喜欢亲近人。值得一提的是，它属于少数喜欢游泳的猫！

如果从远处看，确实容易把缅因猫与浣熊（英语：库恩）弄混——可能它的名字就是这样来的。还有一些人说，是美国东北部寒冷的冬天造就了这个品种。

湖边的猫

土耳其高原的冬天也是寒冷严酷的，土耳其梵猫这一品种就是在那里形成的。它是半长毛猫，起源于土耳其高原东部梵湖地区。虽然猫很怕水，但是在这种贫瘠的地区没有其他猎物，于是土耳其梵猫学会了捕鱼。因为这片地区十分偏僻，所以也没有其他的猫来这里，独特的生存环境形成了土耳其梵猫典型的毛色：白色的皮毛上有着栗红色的斑点，尾巴上带有栗红色的圈。另外，有些土耳其梵猫的眼睛有两种不同的颜色：一只蓝色，一只琥珀色。

修道院里出来的美人儿

许多猫的品种并非是人工培育的，而是因为某个地区长期没有外来猫，所以只能在一个小团体内交配。在中世纪，欧洲的修道院大多远离村庄或城镇，并且猫是修道士们唯一被允许饲养的宠物。人们总是喜欢说，三百年前，在法国加尔都西会的一个修道院里生活着蓝灰色的加尔都西猫，因为它把自己的德文名字给了蓝灰色的英国短毛猫，所以这种猫现在使用它的法文名字：夏特尔猫。“美人儿”一名可能来源于一种蓝灰色的羊毛，法国人经常用这种羊毛编织修道士穿的衣服。

夏特尔猫

夏特尔猫是一种温顺且安静的猫，它不喜欢繁忙与混乱，但是它并不排斥偶尔改变一下日常生活。所以它喜欢陪伴主人出门旅行，或者被主人带着牵引绳去散步。

西伯利亚森林猫

西伯利亚森林猫拥有非常厚实的毛，可以适应俄罗斯寒冷的气候。在换毛的时候，它需要每天都被刷毛。它是一种聪明的猫，并且很喜欢亲近人。

品种也跟随潮流

雪鞋猫

引人注目的雪鞋猫是暹罗猫与家猫的一个杂交品种。它聪明、好奇，并且不喜欢独处。它很适合作为室内猫饲养，因为它很敏感，所以不适合吵闹的环境。

如果人们去遥远的国家旅游，总是喜欢带一点独特的纪念品回家，对我们的曾曾曾祖父来说，这可能是一只猫。1871 年 7 月，当首次有一只暹罗猫在伦敦被展出的时候，访客们排队观看了这只来自泰国的异国动物。

暹罗猫

当第一只暹罗猫来到欧洲的时候，这个品种的猫有点胖乎乎的，并且它们的头部是圆圆的。通过特意培育，它们的身体逐渐变得纤细，头部也几乎变成了三角形。

开始育种

在之后的时间里，拥有一只品种特别的猫逐渐成为一种潮流，人们开始培育猫。首先会尝试让两个不同品种的猫交配，然后看它们会生下怎样的后代。特意杂交会产生新品种的猫，有时一个新品种的产生也只是因为一只母猫错误地爱上了一只公猫，生下了育猫者并不想要的后代。在许多猫展上，育猫者们不仅仅是把他们的猫展现给访客们看，更是参加一场场比赛，严格的评审者们会评选出每个品种里最美丽的猫。

英国长毛猫

英国长毛猫也被称为高地猫，对于许多育猫者来说，它很长时间以来都是一只“差劲”的猫，因为事实上它是一只毛发长得太长的英国短毛猫。虽然它是一只同样棒的家猫，可是它不那么容易被养护，并且它必须每两天就被彻底刷一次毛。

献给胜利者的奖

哪些猫是最美丽的猫？它们会获得一个响当当的头衔，它们的育种者也会得到一个很棒的奖。

异国短毛猫

异国短毛猫是一种通过育种被去除了长毛的波斯猫，一身的短绒毛让它看起来有点像泰迪熊。这种猫比它的长毛亲戚要容易养护得多，同时也保留了波斯猫的一切优点：它温顺、安静、和善而聪明，很适合作为室内猫饲养，但是也需要其他猫的陪伴。

孟加拉猫

在美国，人们想育种一只可以抱在怀里的迷你豹猫。在多年的实验中，他们把亚洲热带雨林里的小型猫科动物持续不断地与家猫杂交，直到育种出一只拥有豹子斑纹的家猫：孟加拉猫。它喜欢亲近人，并且体型和家猫一样，但是它在玩耍时所展现的性格还是会让人想起它的野生亲戚。它很喜欢水，而且在嬉闹时需要很大的空间。

玩具虎猫

玩具虎猫的英文名字 Toyger 由两个英语单词组合而成：toy（玩具）与 tiger（老虎）。人们差不多花了 15 年才成功地培育出适合家养的完美玩具虎猫。玩具虎猫喜欢亲近人，并且很活泼，它也需要活动空间——最好是在花园或者室外围栏里。

新加坡猫

新加坡猫拥有光滑的、如丝绸般富有光泽的皮毛，是一种最小的猫。人们特意通过育种把它变得如此小。它喜爱玩耍，并且聪明勇敢。新加坡猫喜欢家里的小孩或其他动物，它不喜欢独处。

你们为什么长这样？

你知道吗？

著名作家欧内斯特·海明威收到了一只公猫作为礼物，它的前爪比其他猫拥有更多脚趾。正常情况下，猫有五个脚趾，但是这只叫雪球的公猫有六个脚趾。它居住在海明威佛罗里达州的房子里，成为了许多小猫的父亲，这些小猫都拥有六个脚趾。现今雪球的后代生活在全美国各地，人们把它们称为“海明威猫”。

有时一个新的猫品种是大自然进化的结果：一只小猫生下来就有像蝙蝠一样的大耳朵、卷曲的毛发或者完全没有毛发，造成这种现象的原因是遗传基因的改变。如果这只猫可以把它变化了的外观遗传给它的小猫，并且小猫也能把这种外观继续遗传给它们的后代，人们就会把这称为基因突变。有些人因为喜欢这些不同寻常的猫，所以专门培育它们，并且由此形成了一个个新的猫品种。

并不总是无害的

有些基因突变是无害的，不会影响这只猫或它后代的健康，但是有些突变会带来危险的副作用，例如拥有明亮的蓝眼睛的白猫有很大概率是聋的。这些猫的育猫者承担着重大的责任，如今人们已经知道，为了保证小猫的健康，哪一些猫不能在一起生下后代。

苏格兰折耳猫

苏格兰折耳猫的耳朵在其出生四周后就不直着往上生长，而是屈折向前。加上它的圆眼睛和圆脸，很容易让人想起猫头鹰。第一只苏格兰折耳猫出生在苏格兰的一个农场上。

短腿猫

短腿猫的英文名字 Munchkin 的意思是“小不点儿”或者“小矮人”，因为它的腿很短。这种猫的雌性祖先是一只 1983 年在街头被人发现的流浪猫，它把它如同腊肠犬一般的小短腿遗传给了后代。短腿猫是一种聪明伶俐的猫：它自信、好奇，也很爱玩耍。

塞尔凯克卷毛猫

1987 年，在一家动物收容所里诞生了一只健康的卷毛小猫，甚至连它的触须都是卷曲的。它是塞尔凯克卷毛猫品种的雌性祖先，该品种的猫很喜欢亲近人，并且想要整天有人陪伴。它很好奇、聪明，也很勇敢。

美国卷耳猫

美国卷耳猫拥有蝙蝠一样的耳朵，它的名字透露了它来自美国。第一批卷耳猫宝宝的母亲是一只被人收养的长毛猫，一位育猫者喜欢上了它奇怪的耳朵，于是开始培育这种猫。但事实上，美国卷耳猫的听力与其他猫一样正常。

马恩岛猫

马恩岛猫来源于英国马恩岛，当地的猫不知何时生出了短尾或者无尾的后代，因此马恩岛猫比其他的猫更难保持平衡。它们的攀爬能力更差，并且也不能像其他猫那样行走。因为它们有可能在出生时有严重的脊椎缺陷，所以，在德国，马恩岛猫属于“虐待式育种”，因此它们不被允许参加猫展。

斯芬克斯猫

它的名字叫作斯芬克斯，如同埃及金字塔上的著名石像。这种猫源于加拿大，它通过某种基因变异而失去了毛发，仅有触须被保留下来。因为没有毛发，所以它没有抵御寒冷或者防止阳光晒伤的能力，只能在室内饲养。

小旋风还是瞌睡虫？

住在大家庭里的人都知道，家里很少有安静的时刻。有时会有一辆遥控汽车在家里横冲直撞，有时会传来很响的关门声，有时会有小孩疯狂嬉闹，或者电视机的声音被开得很大。人们期待一只家猫是和善并且富有耐心与爱心的，另外还具有好奇心，可以随时与小孩玩耍，或者在小孩做作业的时候陪伴他。当然，在吵闹或者乱哄哄的时候，它也不能变得惊慌失措。许多猫都能满足这些要求，你可以在这里看到其中一些最受人喜爱的猫。

挪威森林猫

类型	耐力型选手
强项	不会让人感觉无聊
毛长	半长毛
饲养	需要很多空间和一个高达天花板的猫抓柱

家猫

类型	最好的朋友
强项	每一只都有自己的个性
毛长	短毛
饲养	最好能外出

缅因猫

类型	可爱的小丑
强项	喜欢与人一起玩耍
毛长	半长毛
饲养	在喜欢活动的家庭里

创造纪录

约80%

在德国，约80%被饲养的猫都是家猫，因此它们比纯种猫要更常见，或许也因为纯种猫的价格要昂贵许多。

布偶猫

类型	温顺的伴侣
强项	主人去哪里都想跟随
毛长	半长毛
饲养	需要其他猫的陪伴

英国短毛猫

类　型	全能选手
强　项	适应力超强
毛　长	短毛
饲　养	需要许多关注，或其他猫的陪伴

索马里猫

类　型	活泼的运动员
强　项	聪明
毛　长	半长毛
饲　养	需要其他猫的陪伴，还需有一个很高的猫抓柱

你知道吗？

一只条纹猫额头上的条纹一般都像是M形的。有一个基督教的传说表示，这个M是圣母玛利亚画上的。穆斯林教徒则认为，这是先知穆哈默德在抚摸他最喜爱的动物时画上的。

波斯猫

类　型	令人想拥抱的大头猫
强　项	总是保持冷静
毛　长	长毛
饲　养	不外出的室内猫

缅甸猫

类　型	冒险家
强　项	热爱探索
毛　长	短毛
饲　养	需要许多空间

缅甸圣猫

类　型	和善的朋友
强　项	非常喜欢与人亲近
毛　长	半长毛
饲　养	需要许多关注，或其他猫的陪伴

小猫就已经具备了狩猎能力。

名词解释

芯　片：猫的电子护照。这个小芯片被植入皮下，并且储存了全世界独一无二的十位数，通过这个数字就可以找到猫的主人。

被　毛：猫的皮毛上较长且较粗的毛发，它们决定猫的毛色。

DNA：一条很长的基因链，可以储藏遗传信息。外观与特殊的特征会通过 DNA 遗传给下一代。

驯　养：逐渐饲养野生动物，慢慢让它们驯服的过程。

裂唇嗅反应：一种为了捕捉空气中某种特别有趣的气味而使用的呼吸技巧。猫微微张开嘴巴，并从嘴巴吸入空气，在它的上颚有一个叫作犁鼻器的器官，能让猫更好地感觉气味和外激素。

基因突变：基因组 DNA 分子发生突然的可遗传变异现象，使后代突然出现祖先从未有过的新性状。

家　猫：每一只非纯正品种的猫都是家猫。严格来讲，家猫也属于欧洲短毛猫品种。

犁鼻器：位于鼻腔前面的一对盲囊，开口于口腔顶壁的一种化学感受器。

阉割术：一种让猫无法生育的手术。该手术也会保护猫不感染某些严重的疾病。

瞬　膜：一种半透明的眼睑，位于眼角靠近猫鼻子的地方。它可以像护目镜一样遮住眼睛前方。

假　猫：我们现今所有猫的祖先。假猫被视为地球上的首只猫之一，灭绝于约八百多万年前。

虐待式育种：培育某些因为基因突变而导致重度残疾、无法健康生活的动物。虐待式育种在德国是被禁止的。

品　种：外观与特性相似的一群猫。

品种标准：一系列的标准，它规定某种品种的猫从耳朵到尾尖应该拥有怎样的外观。

触　须：猫脸上的长毛。它们不是胡须，而是一种触毛，用于感知环境及向猫的神经系统传递感知信息。

翻正反射：猫处于异常体位时所产生的恢复正常体位的反射。

反光膜：猫眼睛后方的一层薄膜，可以把所有进入眼睛的光如镜子一般折射到感光细胞上，因此使光线几乎加倍。

捏掐诱导的行为抑制现象：猫宝宝与生俱来的反射。猫妈妈为了运走它的幼崽，用牙齿小心翼翼地咬住小宝宝颈背部的皮毛时，会触发这一现象，这时小猫会保持一动不动的状态。

底层绒毛：浓密的短绒毛，它们围绕着每一根长长的被毛生长，这样可以使猫保暖。

室内猫：只生活在室内且不外出的猫。

趾行动物：在行走时不把整个脚掌放下，而是只用脚尖行走的动物。这样它们的步伐可以变得更大，而且跑得更轻快。

育　种：为了配种某个品种的猫的后代，而让母猫与公猫交配。育种者必须非常了解遗传学知识。

图片来源说明 /images sources：

Archiv Tessloff：3 中右，33 上右，35 下，42–43 背景图；Corbis Images：5 中（Steven Vidler/Eurasia Press），10 上右（Hulton-Deutsch Collection），22 下右（Swim Ink 2，LLC），30 背景图（Cyril Ruoso/JH Editorial），34 背景图（Radius Images），41 上左（Frank Siteman/Science Faction），43 上左（Yann Arthus-Bertrand）；EYENIMAL：34 下右；Flickr：17 下右（GS-Bob），47 下左（Joanne Goldby）；Getty Images：5 下右（Bo?o Kodri?），23 中左（Nga Nguyen），24 中左（GK Hart/Vikki Hart），46 中（Gunter Hartnagel）；Juniors Bildarchiv：23 下（W. Layer），45 下　左（J.-L. Klein & M.-L. Hubert）；Library of Congress：38 左（George Grantham Bain Collection）；mauritius images：39 上左（Alamy），39 下右（Alamy），39 下左（United Archives）；MIA Milan Illustrations Agency Sarl：2 上右（Betty Ferrero），6 上（Betty Ferrero），7 上右（Betty Ferrero），37 下左（Betty Ferrero）；picture alliance：4 中左（Mary Evans Picture Library），4 下　左（Mary Evans Picture Library），8 中　右（Anka Angency International），10 下左（AP Images），13 上右（Judaica-Sammlung RichteR），15 右（Jean Michel Labat/ardea. com），25 下右（dpa/Ingo Wagner），26 中右（Arco Images/C. Steimer），38 下右（dpa/Alexander Rüsche），39 中右（epa afp），39 中左（PA Wire/empics/Ben Stansall），41 上右（Jean-Michel Labat/ardea.com），43 下右（Anka Agency International/Gerard Lacz）；Shutterstock：1 背景图（rozbyshaka），2 下中（Visun Khankasem），3 中左（Wild At Art），3 上右（Chendongshan），3 下左（FineShine），3 下右（Rita Kochmarjova），4 右（Madlen），5 左（Madlen），6 下左（EcoPrint），8–9 背景图（Roberaten），9 上左（Bildagentur Zoonar GmbH），9 上右（Wolfgang Kruck），9 中左（Frank11），9 中右（javarman），9 下（Stuart G Porter），13 下左（Nailia Schwarz），14 上右（Dmitry Naumov），14–15 背景图（Kuttelvaserova Stuchelova），15 中（Pavel Shlykov），16 中（Brenda Carson），17 上右（Ionescu Alexandru），17 下左（Patteran），17 上左（DavidTB），20 中左（Visun Khankasem），20 下左（Schubbel），20 中右（Lucky Business），20–21 背景图（Roberaten），21 中右（gengirl），21 上左（Galyna Andrushko），21 下左（Massimo Cattaneo），21 下中（COBRASoft），22 上中（Katarzyna Mazurowska），22 下左（Yala），22 中（2bears），22–23 背景图（Roberaten），24 上（Sergey Kamshylin），24 下右（Chendongshan），25 中右（Axel Bueckert），25 中中（Dmitriy Krasko），25 上中（Zygotehaasnobrain），25 中右（Kitch Bain），25 上左（Alexey Losevich），26 下（karamysh），26 上右（DavidTB），27 下右（M.M.），27 下左（vladilada），28 上（DavidTB），28 下右（yanikap），29 下左（Nadinelle），29 上中（Telekhovskyi），29 上右（Telekhovskyi），29 中右（Ermolaev Alexander），30 上中（Dmitry Grishin），31 背景图（Roberaten），31 下右（kitty），32 上左（Martin Bilek），32 下中（prapass），33 中左（Artur Synenko），33 下左（Irina Fuks），33 下左（Chones），33 中左（Tony Campbell），35 上右（Petar Ivanov Ishmiriev），36 上左（Wild At Art），36 上右（ClementKANJ），36 中右（Volodymyr Burdiak），36 下右（vvvita），36–37 背景图（Roberaten），37 上右（Seiji），37 中左（mdd），37 中　右（fri9thsep），37 下　中（Stuart G Porter），37 下　右（Renata Apanaviciene），40 上左（Helen Bloom），40–41 背景图（DragoNika），42 中中（chromatos），42 下右（MaraZe），42 上右（Sukharevskyy Dmytro/nevodka），42 下中（Joanna Zaleska），42 下左（Anton Gvozdikov），43 中右（Lenar Musin），43 下左（Vivienstock），45 下右（FineShine），45 中右（Robynrg），45 上左（Immagy），46–47 背景图（Roberaten），47 上左（Rita Kochmarjova），47 上中（nelik），48 上右（Kuttelvaserova Stuchelova）；Thinkstock：2 中左（Andrey Stratilatov），2 上右（zLaci），4–5 背景图（mcarbo82），7 中右（brian smith），8 上（Mogens Trolle），8 下左（OSTILL），8 中（JeannetteKatzir），10 中左（Andrey Stratilatov），10 上（Bojan Pipalovi　），12 上（agrino），12 下（tanys04），13 下中（Photos.com），14 下中（Linda Bucklin），16 上右（zLaci），16 下左（kosobu），16 中右（mercedes rancaño），18 上左（Kirsten Hammelbo），19 下左（Eric Isselée），19 上右（Lisa Vanovitch），23 上右（diverroy），25 背景图（almir1968），25 上右（Taiftin），27 上左（stockfotoart），27 上右（sfmorris），29 中左（Aksakalko），31 上右（Natalie Eckelt），31 上左（vvvita），33 中左（Sergii Telesh），36 下左（Anup Shah），36 下中（Ben Heys），37 上中（Amrish Wadekar），41 下右（lafar），42–43 中（Modify260），42 上右（phatthanit_r），42–43 背景图（Ekkapon），43 下右（phatthanit_r），44 下左（lafar），44 背景图（Aly Tyler），46 下左（gornostaj），46 上右（Astrid Gast），46 下右（Shershel），47 下中（Oliver1970），47 上右（bradmustow）；Tierfotoagentur：47 下右（Ramona Richter），Wikipedia：5 上右（John Weguelin），10 下中（PD/Andrew69），11 上左（PD/Su Hanchen），11 下左（PD/Marguerite Gérard），13 中左（PD/Carl Offterdinger/Harke），18 中（commander-pirx），38 上右（Takobou）；Zieger，Reiner：18 下，37 下左

环衬：Shutterstock：下右（VikaSuh）

封面照片：封 1：Fotolia LLC：封 1 背景图（krappweis）；封 4：Shutterstock：封 4 背景图（Leoba），封 4 背景图（Iakov Kalinin）

设计：independent Medien-Design

内 容 提 要

这是一本世界知名的猫咪图鉴，也是养猫爱猫者的实用百科全书。猫有哪些种类？它们的生活习性是怎样的？每种猫的主要特点及鉴别特征是什么？《德国少年儿童百科知识全书・珍藏版》是一套引进自德国的知名少儿科普读物，内容丰富、门类齐全，内容涉及自然、地理、动物、植物、天文、地质、科技、人文等多个学科领域。本书运用丰富而精美的图片、生动的实例和青少年能够理解的语言来解释复杂的科学现象，非常适合 7 岁以上的孩子阅读。全套书系统地、全方位地介绍了各个门类的知识，书中体现出德国人严谨的逻辑思维方式，相信对拓宽孩子的知识视野将起到积极作用。

图书在版编目（CIP）数据

猫的家族 /（德）尤塔・奥华斯著 ; 张依妮译. --
北京 : 航空工业出版社, 2022.3（2024.2 重印）
（德国少年儿童百科知识全书 : 珍藏版）
ISBN 978-7-5165-2890-7

Ⅰ. ①猫… Ⅱ. ①尤… ②张… Ⅲ. ①猫－少儿读物
Ⅳ. ①Q959.838-49

中国版本图书馆 CIP 数据核字（2022）第 025087 号

著作权合同登记号
图字 01-2021-6343

KATZEN Flinke Jäger auf Samtpfoten
By Jutta Aurahs

猫的家族
Mao De Jiazu

航空工业出版社出版发行
（北京市朝阳区京顺路 5 号曙光大厦 C 座四层 100028）
发行部电话：010-85672663 010-85672683

鹤山雅图仕印刷有限公司印刷　　全国各地新华书店经售
2022 年 3 月第 1 版　　2024 年 2 月第 4 次印刷
开本：889×1194 1/16　　字数：50 千字
印张：3.5　　定价：35.00 元

WAS IST WAS
船的故事
从独木舟到远洋舰船

WAS IST WAS
飞机的秘密
人类飞行的梦想

WAS IST WAS
火山探秘
来自地底的火焰

WAS IST WAS
七大奇迹
上古时期的宝藏

WAS IST WAS
汽车世界
精彩的汽车发展史
WAS IST WAS
鲨鱼家族

WAS IST WAS
百变天气
阳光、风和暴雨

WAS IST WAS
穿越大自然
探究与保护

WAS IST WAS
鲸和海豚
海洋里的哺乳动物

WAS IST WAS
恐龙王国
永远消失的地球霸主

WAS IST WAS
矿物与岩石
闪闪发亮的宝藏
WAS IST WAS
爬行与两栖动物
壁虎、林蛙和巨蜥

WAS IST WAS
大自然的力量
难以估量的威力

WAS IST WAS
改变世界的电
高电压与超导体

WAS IST WAS
各种各样的鱼
水下的奇妙世界

WAS IST WAS
猫的家族
拥有柔软脚爪的敏捷猎手

WAS IST WAS
奇境森林
动物和植物的天堂
WAS IST WAS
忠诚的狗

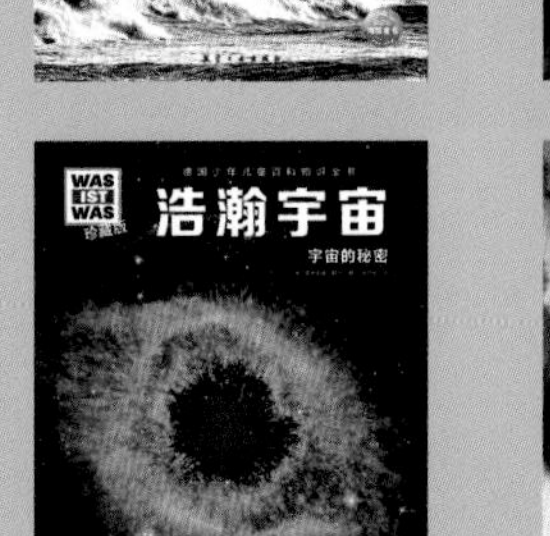
WAS IST WAS
浩瀚宇宙
宇宙的秘密

WAS IST WAS
狼的故事
走进荒野猎食者的世界

WAS IST WAS
蚂蚁和白蚁
了不起的建筑师

WAS IST WAS
美丽的蝴蝶
色彩斑斓的自然精灵

WAS IST WAS
蜜蜂和胡蜂
甜蜜的蜂蜜与可怕的蜇针

WAS IST WAS
潜水的魅力
潜入水下的迷人世界

WAS IST WAS
古老的希腊文明
海神、英雄和诗人

WAS IST WAS
古罗马生活
古罗马城的社会百态

WAS IST WAS
欧洲风情
人口、国家和文化

WAS IST WAS
骑士时代
城堡、比武大会和贵族女性

WAS IST WAS
舞动的音符
走进音乐的奇妙世界

WAS IST WAS
古老的城堡
中世纪的见证

WAS IST WAS
熊的秘密生活
棕熊、大熊猫、北极熊

WAS IST WAS
化石档案
生命的痕迹

WAS IST WAS
奇妙的昆虫
六条腿的生存艺术家

WAS IST WAS
极地世界
生活在冰雪王国

WAS IST WAS
神秘的蜘蛛
丝线上的猎手

WAS IST WAS
大象王国
温和的“巨人”

WAS IST WAS
海底宝藏
沉没的宝藏

WAS IST WAS
海洋之谜
海洋研究与保护

WAS IST WAS
火星登陆
红色星球定居计划

WAS IST WAS
忙碌的农场
动物、植物与农业机械

WAS IST WAS
时尚魅影
服装的古与今

WAS IST WAS
全球气候
冰川和气候变化